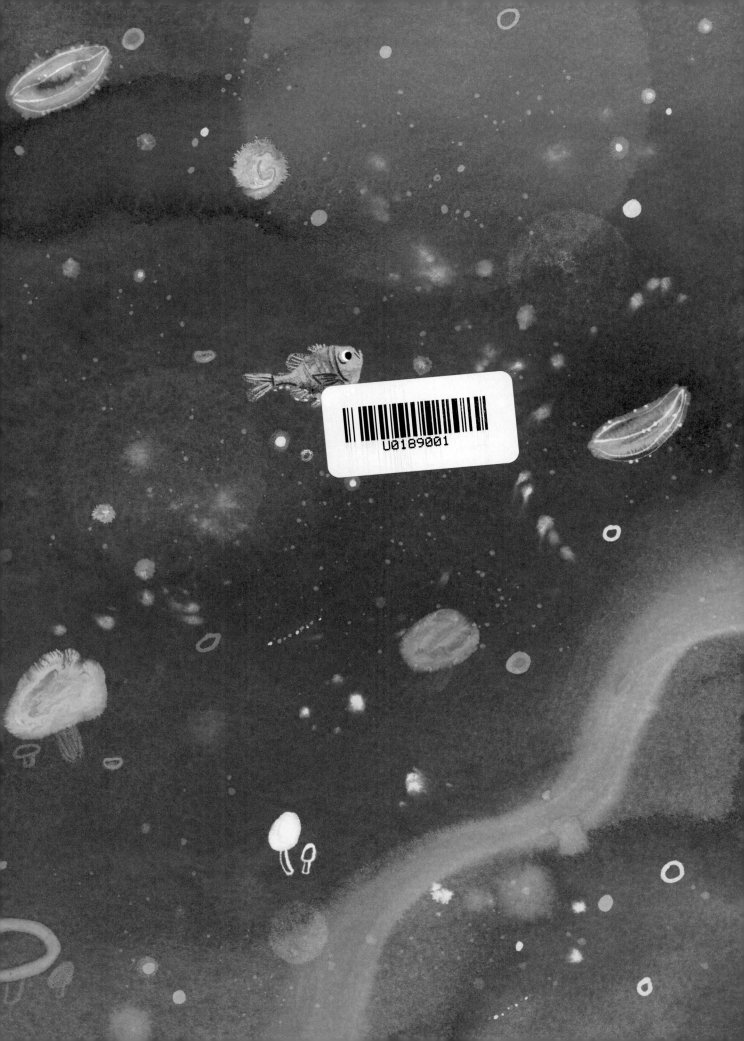

U0189001

科普中国书系·和院士一起去探索

亮了亮了！
我让万物发光

唐本忠　王昊然◎著　　大面包◎绘

科学普及出版社
·北　京·

著作团队

致谢

广东省大湾区华南理工大学聚集诱导发光高等研究院

香港中文大学（深圳）

华南理工大学

香港科技大学

深圳大学

广州市科学技术局

广州市黄埔区人民政府

广州经济技术开发区管理委员会

广州市黄埔区科协

感谢

深圳市分子聚集体功能材料重点实验室 | 香港中文大学（深圳）

广东省分子聚集发光重点实验室 | 华南理工大学

深圳分子聚集体科学与工程研究院 | 香港中文大学（深圳）

国家人体组织功能重建工程技术研究中心香港分中心 | 香港科技大学

华南理工大学聚集诱导发光研究中心 | 华南理工大学

深圳大学 AIE 研究中心 | 深圳大学

发光材料与器件国家重点实验室 | 华南理工大学

《聚集体》*Aggregate* 编辑部

做勇敢追光的人

　　从远古的钻木取火到近代的霓虹闪烁，光引导我们步步向前。光是克制黑暗的使者，更是引领人类文明不断发展的导航者！光赋予了地球不断孕育生命的能力。植物用生根、发芽、长叶、开花、结果回报光的守护，动物用规律的作息与繁育、文明与进步感恩光的慷慨。人类有幸成为这蓬勃生物圈的"佼佼者"，用文字与语言记录光的伟绩！

　　人类的求知与好奇是驱动进化与文明的原始动力。为什么在阳光下样貌平平的石头，却能在黑夜中发出幽幽的光芒且不发热？为什么夜晚在林间飞舞的小虫，如阵阵流星点缀整个山谷时，却不会引起火灾？为什么在海里"点着灯笼"的小鱼和游动的发光水母，不会被烤熟？太多的困惑让人们对光充满了好奇。

　　从中国神话中逐日的夸父，到公元前400年左右发现小孔成像的墨子，再到推动现代通信的"光纤之父"——华裔科学家高锟……人类已从追光者升级为造光者。那么，如何才能将"制造光"和"控制光"完美结合？发光材料成为最核心的基础。

2001 年，一种反常的有机发光现象被偶然发现。有一种有机物质在溶液中几乎不发光，不经意间被洒落桌面上的小液滴在挥干后却发出明亮的光，这与经典的发光材料认知相悖。在如履薄冰的求真中，原本的理论束缚最终被突破，属于中国人原创的发光材料和理论体系建立了——这个理论被形象地称为"聚集诱导发光"（AIE），它引领了世界研究热点，并拓展了发光材料的应用。

　　回望发光科学史的浩瀚海洋，一代代科学家似乎有着百年的默契，涓滴细流，汇聚成河，形成了造福人类的又一科学新域。作者奉献在此的，就是一个长长的关于人类与光的故事。希望它能带你领略光的美丽与珍贵、科学家的严谨与创新、科学探索之路的曲折与精彩。做一名勇敢的追光者吧，永不停歇追随光的脚步，永远追求宇宙的真理与光明。

唐自忠

中国科学院院士

2022 年 11 月

当你走在路上，
看着青葱的树木、五颜六色的花朵，
会不会产生疑问——
为什么眼睛能看到东西？
为什么世界上有这么多种颜色？
颜色是从哪里来的？

答案是光。
有了光，
人们才能看到这一切。

赤腹鹰

大金背啄木鸟

世间万物的生长都要依靠太阳的帮助。
太阳为地球带来了光和热，
赋予了地球生命。

花鼠

生产者

中华大刀螳

巨叉深山锹甲

雨蛙

一级消费者
灯蛾幼虫

2

棕熊

分解者

地球上大部分植物向阳而生，
在光的拥抱下发芽，生长，开花，结果。
而动物又依靠从植物中汲取的养分生存，
周而复始，形成了生机勃勃的生物圈。

赤狐

梅花鹿

二级消费者
短尾蝮蛇

3

自地球诞生，太阳就持续照耀着地球，至今已有 46 亿年。
那么太阳是靠什么才能持续发光呢？
答案是核能。

天王星

海王星

月球

地球

木星

土星

4

火星

光球层 ——————

色球层 ——————

日冕 ——————

金星

对流层

辐射层

日核
（1500万摄氏度）

太阳

水星

彗星

太阳黑子 ——————

太阳耀斑 ——————

太阳内核的温度高达1500万摄氏度。

太阳的内部无时无刻不在发生热核聚变，

所以，太阳才能一直"燃烧"。

像太阳这种恒星，寿命大约是100亿年，

可以说，现在的太阳"正值壮年"。

自然界的光不仅可以来自太阳，还可以来自火柴、屏幕和灯……
甚至可以来自一些动物。
在几千米深的海中，光无法穿过海水的屏障，那里终年黑暗。
一些深海鱼类演化出了必备的生存技能——发光。

银斧鱼

深海温泉

鮟鱇鱼

蝰鱼

管状蠕虫

蜘蛛蟹

深海海参

6

夜光藻

维多利亚发光水母

瓜水母

眼鱼

磷虾

铠鲨

小飞象章鱼

海笔

通过发光，鱼类可以吸引异性，
捕食趋光的猎物，进行种群联系，
还可以迷惑敌人。

贻贝

7

氧气、荧光素 → 荧光素酶 镁离子 三磷酸腺苷 → 氧化荧光素 → 发光

那么，动物依靠什么发光呢？
答案是能量的转化。
能量不能被凭空创造或消失，但它可以转化成不同的形式。
荧光乌贼体内的荧光素与氧气产生化学反应，
将化学能转化为光能，从而展示了一场奇妙的海岸线"灯光秀"

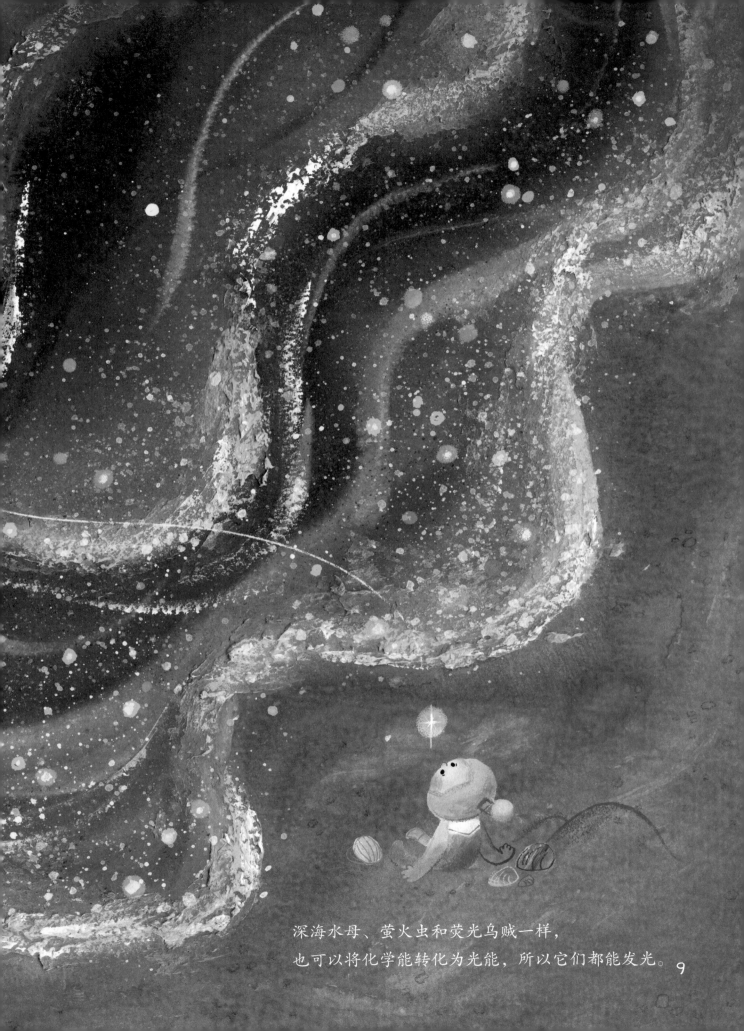

深海水母、萤火虫和荧光乌贼一样，
也可以将化学能转化为光能，所以它们都能发光。9

灯笼

人类的生命、知识，甚至文明都起源于光。
在传说中，夸父为了留住光明，奋力追逐太阳。
原始人为了生存，学会了钻木取火，用火光保护自己。

煤油马灯

白炽灯

花灯

油灯

后来，人们发明了灯，
用以驱散黑夜，延续灿烂的文化。

错银牛灯

11

在历史的长河中，许多人都试图探索光的秘密。

公元前 400 年，中国古代思想家墨子通过对光的研究，发现了小孔成像的秘密。
他用一块带有小孔的板放在墙和人之间，
墙上出现了人倒立的图像，他由此推断，光是沿直线传播的。
现代的照相机正是通过这种方式，留下珍贵的影像。

紫微左垣

北极星

勾陈

斗七星

六甲

紫微右垣

天船

八谷

文昌

中国的古人观察夜空中闪闪发光的星星，发明了牵星术。
于是，在海上航行的人可以通过星星确定大海中船舶的位置及航行方向。

1666 年，英国物理学家牛顿在家休假时，
发现三棱镜可以将太阳光分解成红、橙、黄、绿、蓝、靛、紫七种颜色的光，
就像彩虹一样。

1865 年，英国物理学家麦克斯韦提出：光是一种电磁波。
大自然中的阳光、晚霞、彩虹、星光都可以用"波"来描述。

不同颜色的可见光，有不同的波长，
红光波长最长，紫光波长最短。

15

开关

电流

电极
放电管
充有氮气
引燃极
外壳
电阻

高压汞灯

随着对自然界的不断探索，光的奥秘也越来越明晰。
人们发现，除了燃烧可以发光，将电流通过汞蒸气也可以发光。
这样发出的光不仅明亮，而且一点儿也不炙热。

这时，人们想起了古代的夜明珠、飞舞的萤火虫，
它们发出的光也一点儿都不热！
科学家将这种发光现象形象地称为**冷发光**。
发冷光的物质，被科学家统称为**发光材料**。

发光材料是如此的神奇，
它可以通过吸收各种形式的能量发出明亮的光。
那么，发光材料是如何利用光能的呢？

18

原来，发光材料中有一群负责发光的**小精灵**。
当**安静态**的小精灵受到光的照射，会受到鼓舞变为**活泼态**。
在小精灵从活泼态回到安静态的途中，
美丽的荧光就出现了。

19

荧光帮助人类揭开了微观世界的神秘面纱。
通过荧光不仅可以看清细菌的结构，
还可以看到病毒，追踪病毒在人体内的运动路径。

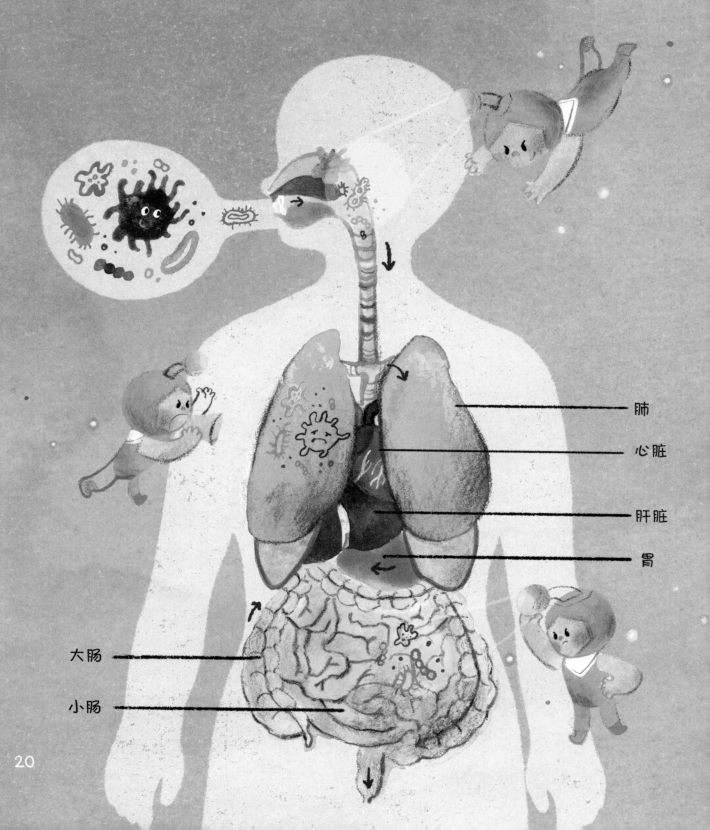

肺

心脏

肝脏

胃

大肠

小肠

发光材料同样也可以标记识别癌细胞，
让癌细胞"闪闪发光"，帮助医生准确切除肿瘤。

荧光指纹粉能在犯罪现场大展拳脚，
协助警察采集微量痕迹，让犯罪痕迹无处遁形。

然而，也有发光材料办不到的事情。
很多发光材料只有在溶液中才闪闪发光，
一旦变成固态，发光就会减弱，甚至消失。
这种现象被科学家称为**聚集淬灭发光**。

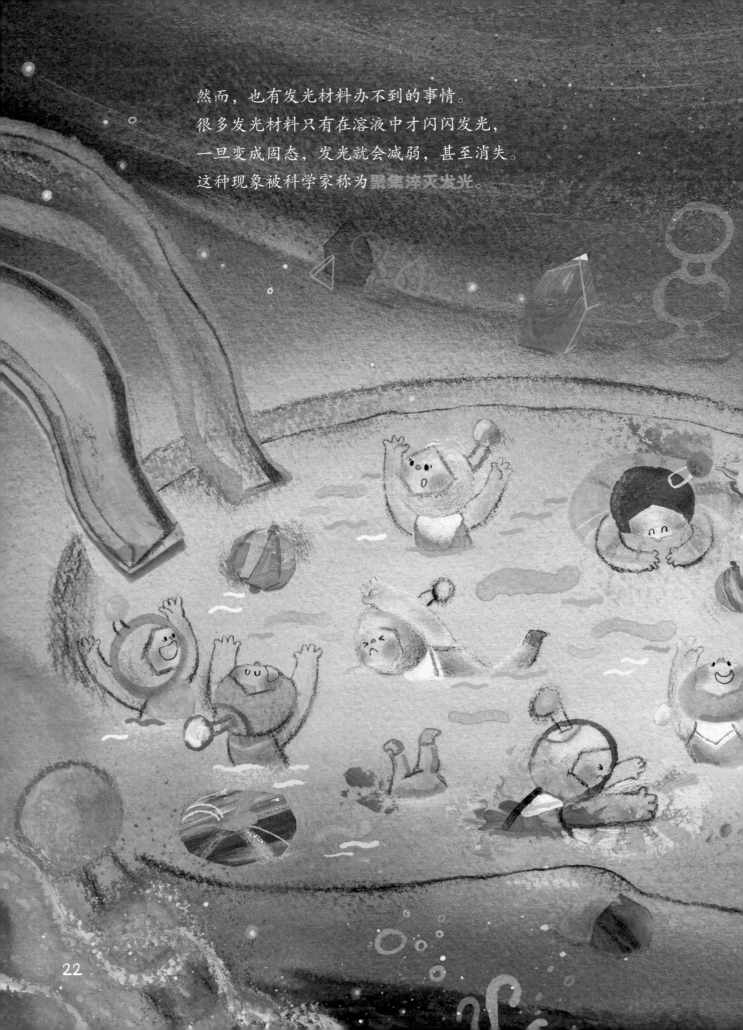

人们希望更有效地控制小精灵变为安静态或活泼态。
所以，材料的选择成为人类必须面对的一个难题，
更是一个挑战！

23

翻开历史，也许我们会受到启发。

16 世纪，西班牙医生尼古拉斯·莫纳尔德斯发现一种墨西哥的木材可以发出蓝色的荧光。

24

400 多年前，英国哲学家弗朗西斯·培根在刮糖块时，偶然发现糖块竟然发出了微弱的光。

19 世纪中期，英国科学家斯托克斯发现一种离子盐在溶液中没有出现荧光，但当它结晶后却能发出明亮的荧光。

可惜的是，由于当时科学水平有限，他们的发现被慢慢淹没在历史长河中。

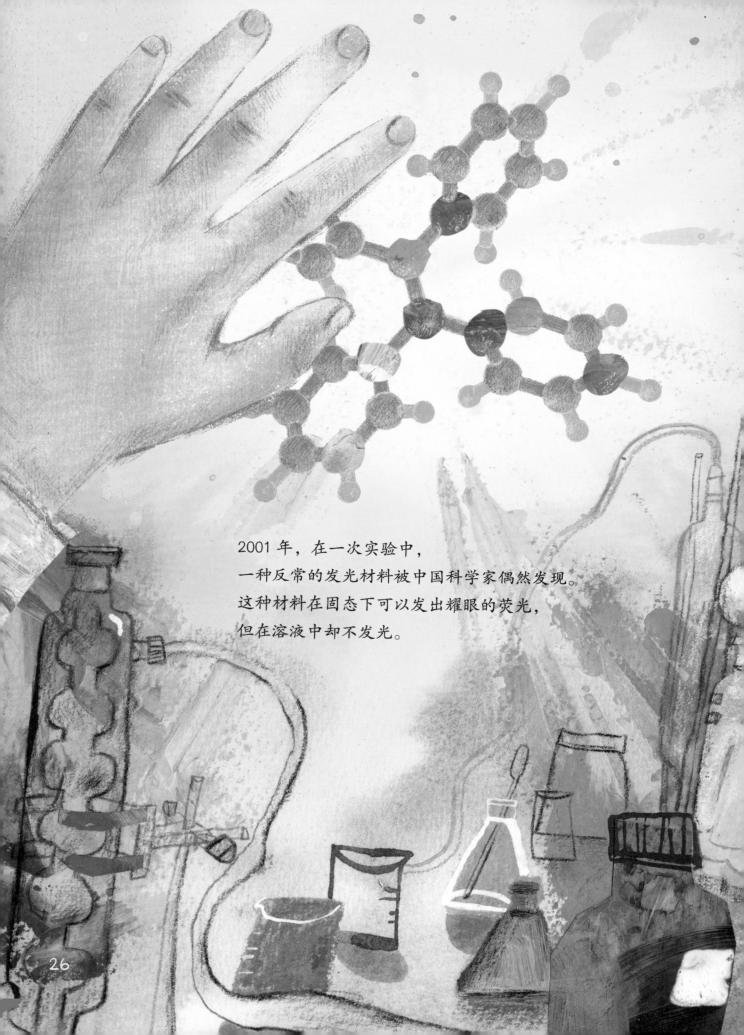

2001 年，在一次实验中，
一种反常的发光材料被中国科学家偶然发现。
这种材料在固态下可以发出耀眼的荧光，
但在溶液中却不发光。

这种发光现象曾被人发现过，
但是，科学家认为它违背了已有的聚集淬灭发光理论，
所以都忽视了它。
这个理论有时会限制大家的思想，
让很多科学家在发明新型发光材料时不断碰壁。

终于，在这一次，这种反常的发光现象被科学家敏锐地抓住了。

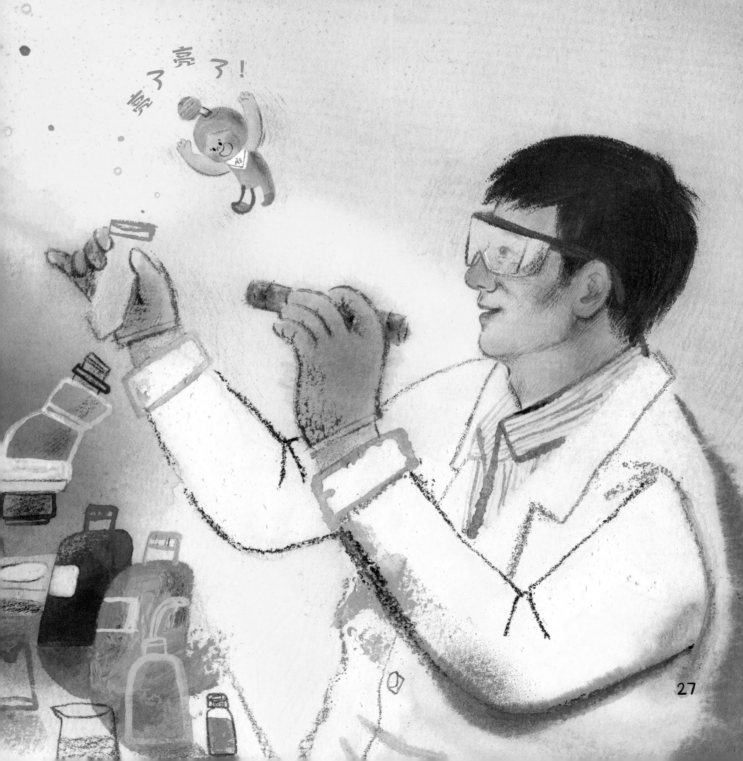

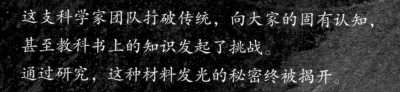

这支科学家团队打破传统，向大家的固有认知，
甚至教科书上的知识发起了挑战。
通过研究，这种材料发光的秘密终被揭开。

发光的分子在溶液中可以自由运动，
把能量都消耗光了，没办法为发光提供能量。
但当溶液挥发后，分子和分子都挤在一起，
没办法自由运动，就只能靠发光把能量用光。

这种发光现象被称为聚集诱导发光（AIE），
具有越聚集发光越强的特性，也就是"人多力量大"。

随着科学家不断钻研与探索，
在不远的将来，发光材料更能造福每一个人的生活。

在可穿戴设备领域，
新一代隐身衣将高调登场。

在环保领域，
荧光探针能将金属污染物、
农药残留物等"揪出示众"。

在生命科学领域，
荧光可以帮助我们探索神秘的大脑，
揭秘意识是如何产生的。

在生命科学领域，
荧光还可以检测人体指标，
追踪致病菌，保护人们的健康。

31

光亘古存在，光是美丽的、奇妙的，却是有限的。
太阳和地球的能量终有一天会被耗尽。

人类，就像夸父一样，永不停歇追随光的脚步。
做一名追光者吧，永远追求宇宙的真理与光明！

聚集就是力量招募令

　　科学起源于生活，不论年龄，不论经验，不论成就，任何人都有机会发现科学的奥秘，和科学做好朋友。请多多留心生活中的神奇现象，没准下一个大科学家就是你！希望大家能踊跃地聚集到科学研究的队伍中，让科学研究的队伍不断发光发热！

　　我们的著作团队由唐本忠院士领衔，会倾心解答大家的问题。欢迎大家通过微信公众号随时与我们取得联系！

图书在版编目(CIP)数据

亮了亮了！我让万物发光 / 唐本忠，王昊然著；
大面包绘. — 北京：科学普及出版社，2023.3
（科普中国书系. 和院士一起去探索）
ISBN 978-7-110-10561-0

Ⅰ. ①亮… Ⅱ. ①唐… ②王… ③大… Ⅲ. ①光学—
儿童读物 Ⅳ. ①O43-49

中国国家版本馆CIP数据核字(2023)第041688号

策划编辑	郑洪炜　牛　奕
责任编辑	郑洪炜
封面设计	大面包
正文设计	大面包
排版制作	金彩恒通
责任校对	吕传新
责任印制	徐　飞

出　　版	科学普及出版社
发　　行	中国科学技术出版社有限公司发行部
地　　址	北京市海淀区中关村南大街 16 号
邮　　编	100081
发行电话	010-62173865
传　　真	010-62173081
网　　址	http://www.cspbooks.com.cn

开　　本	787mm×1092mm　1/16
字　　数	30 千字
印　　张	3
印　　数	1—5000 册
版　　次	2023 年 3 月第 1 版
印　　次	2023 年 3 月第 1 次印刷
印　　刷	北京博海升彩色印刷有限公司
书　　号	ISBN 978-7-110-10561-0/O · 203
定　　价	59.80 元

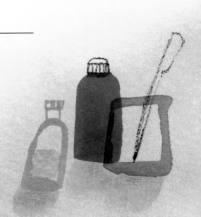

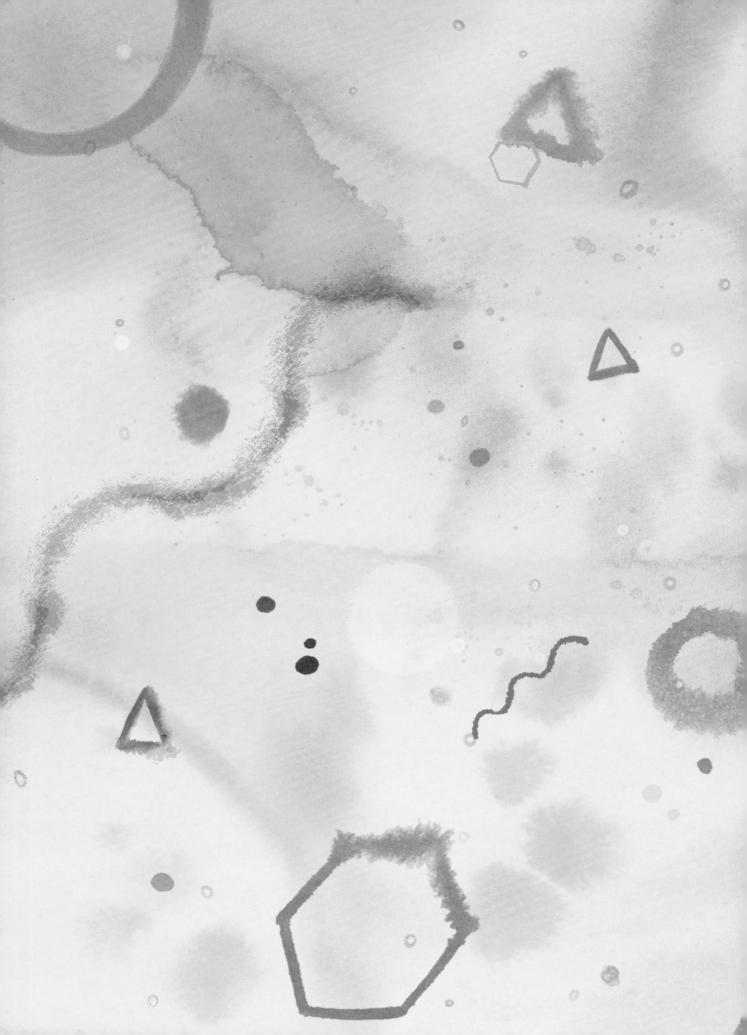